U0177528

樱井进数学大师课

比较测量有规律

[日] 樱井进◎著　　智慧鸟◎绘　　李静◎译

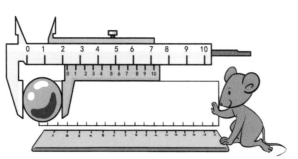

电子工业出版社
Publishing House of Electronics Industry
北京·BEIJING

版权贸易合同登记号　图字：01-2022-1937

图书在版编目（CIP）数据

樱井进数学大师课. 比较测量有规律 /（日）樱井进著；智慧鸟绘；李静译. —— 北京：电子工业出版社，2022.5

ISBN 978-7-121-43347-4

Ⅰ. ①樱… Ⅱ. ①樱… ②智… ③李… Ⅲ. ①数学 – 少儿读物 Ⅳ. ①O1-49

中国版本图书馆CIP数据核字(2022)第069751号

责任编辑：　季　萌　　文字编辑：肖　雪
印　　刷：　天津善印科技有限公司
装　　订：　天津善印科技有限公司
出版发行：　电子工业出版社
　　　　　　北京市海淀区万寿路173信箱　邮编：100036
开　　本：　889×1194　1/16　　印张：30　　字数：753.6千字
版　　次：　2022年5月第1版
印　　次：　2022年5月第1次印刷
定　　价：　198.00元（全6册）

凡所购买电子工业出版社图书有缺损问题，请向购买书店调换。若书店售缺，请与本社发行部联系，联系及邮购电话：（010）88254888，88258888。

质量投诉请发邮件至zlts@phei.com.cn，盗版侵权举报请发邮件至dbqq@phei.com.cn。

本书咨询联系方式：（010）88254161转1860，jimeng@phei.com.cn。

前言

数学好玩吗？是的，数学非常好玩，一旦你认真地和它打交道，你会发现它是一个特别有趣的朋友。

数学神奇吗？是的，数学相当神奇，可以说，它是一个大魔术师，随时都会让你发出惊讶的叫声。

什么？你不信？那是因为你还没有好好地接触过真正奇妙的数学。从五花八门的数字到测量、比较，从奇奇怪怪的图形到数学的运算和应用，这里面藏着数不清的故事、秘密、传说和绝招。看了它们，你会有豁然开朗的感觉，更会有想要跳进数学的知识海洋中一试身手的冲动。这就是数学的魅力，也是数学的奇妙之处。

快翻开这本书，一起来感受一下不一样的数学吧！

目录

测量引发的冲突

史前时期，人们并没有"数学"这个概念，也不知道怎样测量物品。他们有时候用手指的长度来估计食物的尺寸，有时候用步伐来丈量洞穴的大小，有时候用武器来衡量器物……

因为测量结果不一样，人们之间发生了许多矛盾，有的矛盾甚至还引发了部落与部落之间的战争。在以物换物的原始社会里，没有统一的测量标准真的造成了很多社会问题。

藏在身体上的测量工具

每个人身上都藏有很多不同的测量工具。在尺子等测量工具没有被发明之前，人们就是用这些身体上的测量工具来测量物品的。这些神秘的测量工具是什么呢？一起来看看吧！

一拃（zhǎ）

古人把张开的大拇指和中指两端的距离称为"一拃"。成人的一拃大约有 20 厘米长，小孩的一拃大约有 10 厘米长。有了这个标准，古人用一拃来估量布匹等物品的长度就很方便啦！

约 20 厘米

约 10 厘米

一拳

握紧你的拳头，从大拇指根部到小拇指根部的直线距离就是一拳，成年人的一拳有 10 厘米左右。古人非常注重礼仪形态，站立时，他们的双脚相隔的尺寸大约就是一拳的距离。到了现代，写字的时候，老师也会经常提醒大家：胸口离桌子要有一拳远，不能靠着，也不能斜着。

约 10 厘米

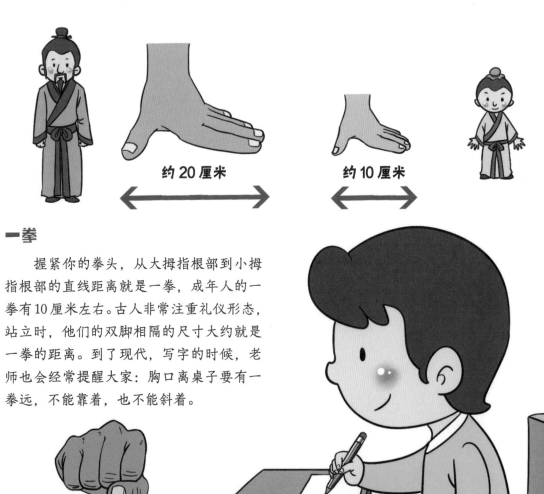

一庹（tuǒ）

左右平伸双臂，从左手中指尖到右手中指尖的距离就是一庹。古代的一庹大约有 1.65 米长，每当人们量体裁衣或者估量物体长度时，就会用到"庹"。

约 1.65 米

约 33 厘米

一臂

一臂也就是从一条手臂的手腕关节处到肘部弯曲处的距离，长度约为 33 厘米左右。古埃及人也用成年人的手臂作为测量工具，长度是从肘部到中指指尖的距离，这个长度被称为"一腕尺"。

一寸

手指也是一种测量工具，古人把中指的中间一节定为 1 寸，有 3 厘米左右。

在古代，某些用不着精准测量但是又需要估算的场合或者交易中，用身体做尺是一种非常便捷的方法，一伸手，一张臂，不管一拃还是一庹，很快就能测量出大概尺寸，这就是古人的智慧。

约 3 厘米

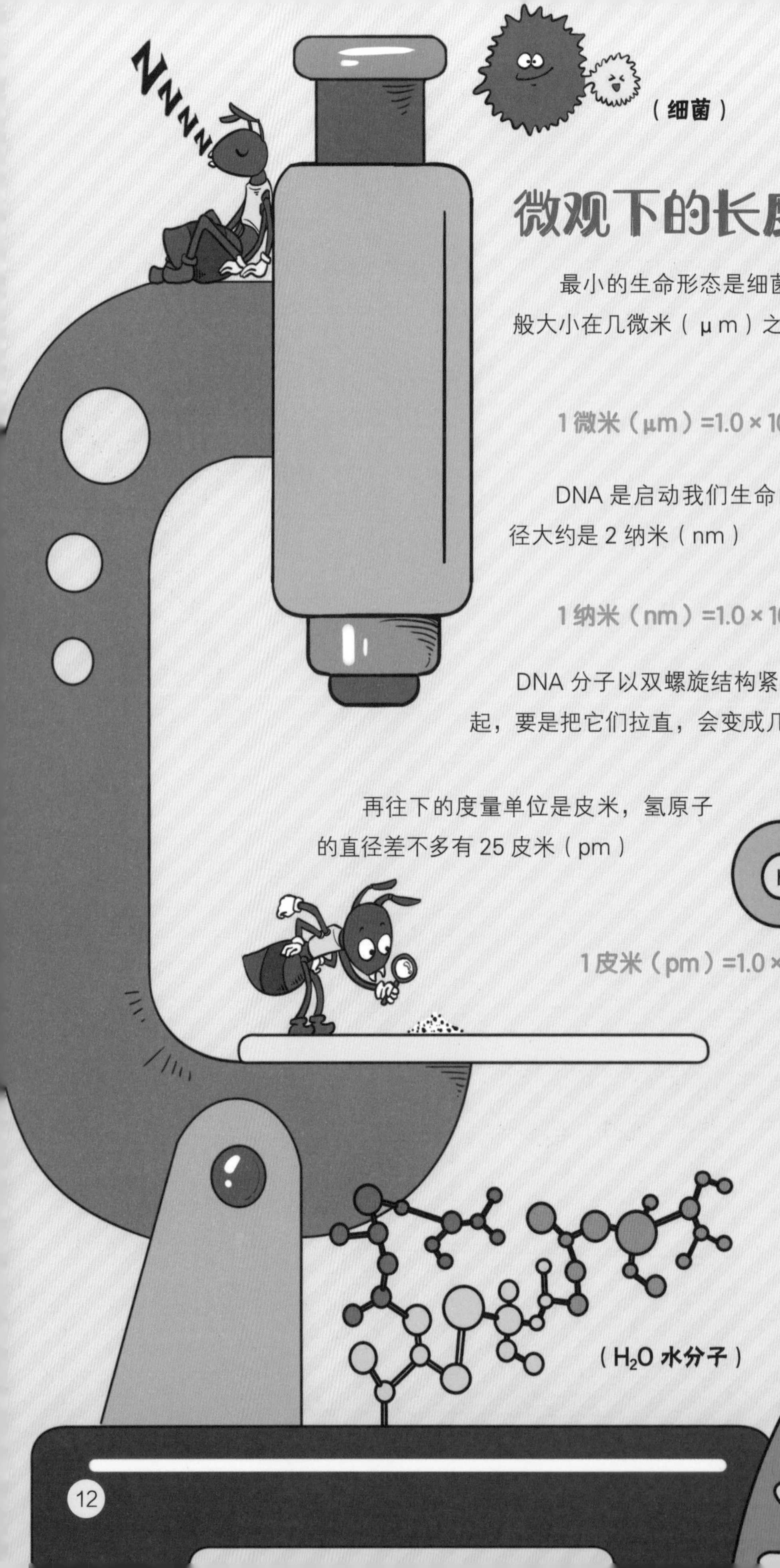

（细菌）

微观下的长度

最小的生命形态是细菌，一般大小在几微米（μm）之间。

（细菌）

$$1\text{微米（μm）}=1.0\times10^{-6}\text{米（m）}$$

DNA 是启动我们生命的分子，它们的直径大约是 2 纳米（nm）

$$1\text{纳米（nm）}=1.0\times10^{-9}\text{米（m）}$$

DNA 分子以双螺旋结构紧紧地缠绕排列在一起，要是把它们拉直，会变成几厘米长。

再往下的度量单位是皮米，氢原子的直径差不多有 25 皮米（pm）

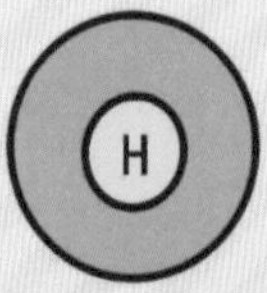

H

$$1\text{皮米（pm）}=1.0\times10^{-12}\text{米（m）}$$

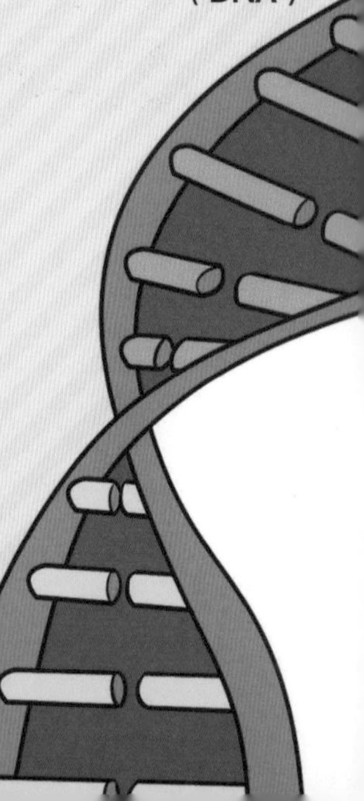

（DNA）

（H_2O 水分子）

我的胡子长得比秒须快啊！

秒须

这是一个奇怪的词，它是由一位美国物理学家发明的，它是什么意思呢？就是人的胡须在一秒内长出的长度。但人们对其准确长度有不同的说法，一般你可以把它看作 5 纳米长。

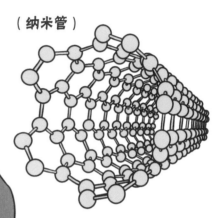

（纳米管）

可以被测量的最短长度到底有多短

物理学家对"最小尺度"的定义是无法再分割，这叫作普朗克尺度，它大约有 1.6×10^{-35} 米长。

而人眼可观察到的最小事物大约是直径 0.1 毫米左右的圆点。

要是把这个圆点扩张成宇宙那么大，那么圆点中的普朗克尺度差不多就相应扩张为直径 0.1 毫米的点，这下你有点概念了吗？

纳米有什么用

纳米技术可以帮助我们用单个分子来组装机器，它们可以拼装出各种齿轮、马达等机械结构，总共也就几百纳米大小。这些纳米机器人可以把药物送进人体内那些常规手段到不了的地方。

人们还想制造更小的机器，2011 年，人们造出了直径只有 1 纳米的马达，它跟分子一样大。

下面是高倍显微镜下才能看到的纳米齿轮，用苯分子附着在纳米管外就能得到这样的齿轮。

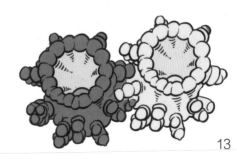

你认识这些长度测量工具吗？

从你家到学校的距离有多远？你的腰围有多少？文具盒里最长的铅笔有多少厘米？这些和长度相关的问题，都需要合适的长度测量工具才能解决。你认识多少长度测量工具？你知道它们最适合解决什么问题吗？

绳子

绳子是最早的长度测量工具之一，它携带方便，使用简单。古埃及人会用绳子来测量土地，那时候，有一种职业叫作"职业结绳者"，他们的工作就是在测量用的绳子上打出等距离的绳结。

记里鼓车

记里鼓车是中国古代用来记录车辆行驶路程的马车。马车有两层，每层都有手持木槌的机械人。当马车走过一里路时，下层的机械人会敲一下鼓；当马车走过十里路时，上层的机械人就敲打一次铃铛。记里鼓车通常和指南车搭伴出行，有了它们，古人在出行时就可以随时知道车辆行驶的方向以及路程。

宋朝人简化前人设计造出的记里鼓车

直尺

在我国古代传说中，最早的直尺和圆规是由伏羲及女娲发明的。在唐代的《伏羲女娲图》中，伏羲氏手执矩，女娲氏手执规。其中的规就是圆规；矩就是由长短两根尺子垂直组成的方尺，方尺上面有刻度，是用来丈量的。到了现代，方尺演变为了直尺，它能够精确到毫米，每个小学生的文具盒里都有一把，可以用来测量距离、画直线。

在日常生活中，我们常用的是钢卷尺和皮卷尺。钢卷尺里面装有弹簧，当我们拉出钢卷尺时，弹簧变长，标有尺度的一段就会被拉出来，测量完毕后，弹簧自动收缩，标尺也跟着收缩，所以钢卷尺就会自动卷起来。钢卷尺在建筑和装修行业使用最为广泛。

皮卷尺是用玻璃纤维和PVC塑料合制而成的，它两面的尺寸单位是不一样的，一面为150厘米，另外一面为45寸，寸（市寸）是中国常用的计量单位。人们通常用皮卷尺量衣服和裤子的尺寸。

卡尺

卡尺一般用来测量物体的长度、内外径、深度，它具有计量和检验的作用。卡尺中比较常见的是下图这样的游标卡尺，它大多数用于工业制作，有0.02mm、0.05mm和0.01mm三种最小读数值，许多小零件都需要游标卡尺来测量数值。测量时，量值的整数部分从主尺上读出，小数部分从游标尺上读出。

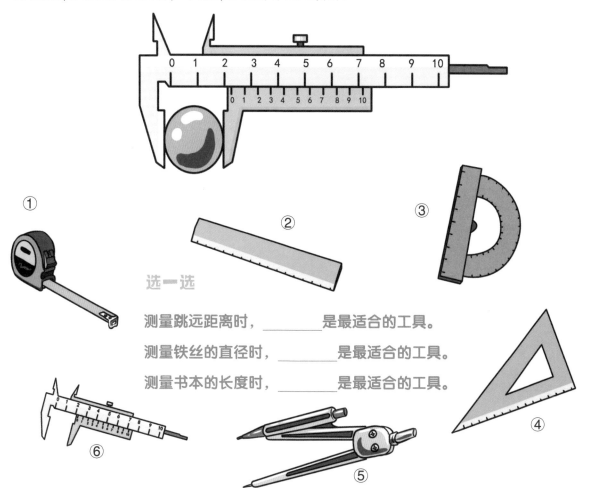

① ② ③

选一选

测量跳远距离时，_____是最适合的工具。

测量铁丝的直径时，_____是最适合的工具。

测量书本的长度时，_____是最适合的工具。

⑥ ⑤ ④

5cm 和 40mm 谁更长?

下面有一条 5cm 的丝带和一条 40mm 的丝带,你觉得谁更长?

5cm

（丝带）

40mm

千万别被数字骗了,虽然 40 远大于 5,但结果是 5cm 更长。

因为它们的长度单位不同,一个是 cm,一个是 mm。

如果你选错了,请记住这个教训,长度单位不同的两个物体,不能直接进行比较。再遇到这种问题,首先我们得看看单位是否一样。

如果不一样怎么办呢?没关系,我们先统一单位,再进行比较。

1cm=10mm → 5cm=50mm → 40mm<50mm

10mm=1cm → 40mm=4cm → 4cm<5cm

40mm=4cm

（丝带）

5cm

1cm=10mm

1m=100cm=1000mm

1km=1000m=100000cm=1000000mm

长度之间的换算

只要单位一样，长度的运算方法和数字一样，直接加减就可以。但是一定要记得算出结果后带上单位。

3m30cm

4m60cm （丝带）

3m30cm+4m60cm=（3m+4m）+（30cm+60cm）=7m90cm

需要特别注意的是，如果其中某个较小的单位加起来超过了100，那就需要把它向前进一位了。进位的时候也要注意不要把100mm直接进位到了1m哟！如果你不确定，就看看前面的单位进位表。

3m70cm

2m40cm （丝带）

3m70cm+2m40cm=（3m+2m）+（70cm+40cm）

　　　　　　　=5m+110cm（← 100cm=1m）

　　　　　　　=5m+（1m+10cm）

　　　　　　　=（5m+1m）+10cm

　　　　　　　=6m10cm

可爱的猫咪书签尺

在阅读时，大多数人都会准备一个精美的书签以便下次阅读。但有时候，阅读时需要标记段落或者画线段，光书签就不够了，要是有一把书签尺，那就方便多了。现在，我们一起来做一把可爱的猫咪书签尺吧！

准备材料：硬彩纸、水彩笔、尺子、透明胶带、剪刀、双面胶或胶水。

制作步骤：

1. 在彩纸上画好刻度，并用水彩笔标记清楚。

2. 在画好尺寸的彩纸两侧分别画一条斜线，然后根据斜线的位置画出猫的头部和耳朵。

3. 给小猫画上可爱的眼睛和嘴巴。

4. 在画好的卡纸正反面贴一层透明胶带，这样你的书签就能既坚固又防水。

5. 沿着画好的线条剪下书签，猫咪书签尺的正面就做好啦！

6. 取一小块同色的卡纸，在上面画出猫咪书签尺的耳朵。

7. 将画好的两只猫耳朵剪下来，然后正反面用透明胶带粘一圈。

8. 在猫咪书签的猫耳朵上部涂上胶水，将单独做好的猫耳朵粘在书签上，可爱的猫咪书签尺就做好啦！

小提示：

　　你也可以用硬的薄塑料片或者金属片代替卡纸，这样做出的尺子会更耐用一些。

　　如果想要你的纸质书签更加坚挺一些，你也可以用 DIY 手工膜（类似于手机贴膜）代替透明胶带。

常见的长度单位

为了规范长度，人们专门制定了长度的基本单位。国际单位制中，长度的标准单位是"米"，用符号"m"表示，它是表示长度的主单位，在它基础上派生出厘米、千米等单位。

米的由来

1791 年，法国国民大会采纳了由法国科学院推荐的只基于一个长度基本单位"米"的计量单位制度原理。他们在经过巴黎的子午线（地球表面连接南、北两极，且垂直于赤道的弧线）上，取从赤道到北极长度的 1000 万分之 1，并将这段距离的长度定义为 1 米。

1889 年，第一届国际计量大会确定"米原器"为国际长度基准，规定 1 米就是米原器在 0℃时两端的两条刻线间的距离。

什么是米原器？

米原器是国际长度基准，它规定 1 米就是米原器在 0 摄氏度时两端的两条刻线间的距离。

常用的长度单位

除了米以外常用的长度单位有：千米、分米、厘米、毫米、微米、纳米。

（1）千米

千米的单位符号为"km"，通常用于衡量两地之间的距离。

1 千米 = 1000 米 = 100000 厘米 = 1000000 毫米。

（2）分米

分米的单位符号为"dm"，1 分米相当于 1 米的十分之一。文具盒的长度、书本的宽度大约为 1 分米。

1 分米 = 0.0001 千米 = 0.1 米 = 10 厘米 = 100 毫米。

（3）厘米

厘米的单位符号为"cm"，瓜子的长度、硬币的直径、订书针的长度大约都是 1 厘米。

1 厘米 = 10 毫米 = 0.1 分米 = 0.01 米 = 0.00001 千米。

（4）毫米

毫米的单位符号为"mm"，是长度单位和降雨量单位，1 毫米相当于 1 米的一千分之一。一张银行卡大约 1 毫米厚。

1 毫米 = 0.1 厘米 = 0.01 分米 = 0.001 米 = 0.000001 千米。

（5）微米

微米用符号"μm"表示，1 微米相当于 1 米的一百万分之一。头发的直径大约有 80 微米。

什么是英制单位

英制单位是一种源自英国的度量衡单位制，常见的英制单位有英里、英尺、英寸。如电视机、电脑显示器、手机屏幕大小都会以英寸表示，飞行高度、跑道长度等，大多都以英尺为单位。

世界上使用英制单位的国家有美国、利比里亚和缅甸等。

英制单位和公制单位的换算

1 英尺 =12 英寸

=30.48 厘米

=0.3048 米

1 英寸 =0.0833333 英尺

=0.0254 米

=2.54 厘米

1 英里 = 5280 英尺

= 63360 英寸

=1609.344 米

=160934.4 厘米

There is a foot, let it be the measure from this day forward.

国王的脚丫 =1 英尺

30 世纪初期，英国没有统一的度量标准，因此造成许多混乱，王室召开了十多次大会都无法定下统一的标准。终于国王愤怒了，他在地上踩了一脚，然后指着脚印宣布："这个脚印就是永久的丈量标准！"直到现在，大英博物馆还珍藏着特殊金属制成的约翰王的脚印。因为当时约翰王穿着鞋，所以脚印长 30.48 厘米，就是 1 英尺的长度，英尺的英文名是 foot（脚的意思），缩写为 ft。

明星们的身高

"篮球飞人"迈克尔·乔丹
6 英尺 6 英寸（1.98 米）

世界摔跤娱乐冠军布洛克·莱斯纳
6 英尺 4 英寸（1.93 米）

著名橄榄球星奥德尔·贝克汉姆
5 英尺 11 英寸（1.80 米）

拳王迈克·泰森
5 英尺 10 英寸（1.78 米）

3 颗大麦粒和英寸

　　英寸的英语是 inch，缩写为 in，inch 这个单词在荷兰语中的本意是大拇指，1 英寸原意就是一节大拇指的长度。但问题是每个人的大拇指不一样长。终于，在 14 世纪时，英王爱德华二世解决了这个问题，他颁布了"标准合法英寸"：选 3 颗又大又饱满的麦粒，将它们头对头排成一行，3 颗麦粒的长度就是一英寸。

生活中常见的英寸

　　液晶显示器的规格一般有 17 英寸、19 英寸、23 英寸、27 英寸等。

　　手机屏幕尺寸一般有 4.0 英寸、4.2 英寸、4.5 英寸、4.7 英寸、4.8 英寸、5.0 英寸、5.2 英寸、5.5 英寸、5.7 英寸、6.44 英寸等。

　　平板电脑的屏幕尺寸一般有 7.9 英寸、9.7 英寸、12.9 英寸等。

比一比，谁先走完 20 英里

20 英里有多远？徒步走完 20 英里需要多长时间？关于这段路程有一个非常著名的故事，那就是"20 英里法则"。

从美国西海岸的圣地亚哥到东北部的缅因州，大约有 3000 英里的路程。这段路地貌复杂，如果天气恶劣，要徒步走完很不容易。

怎样才能最快走完呢？美国心理学家吉姆·柯林斯组织了 3 支队伍同时出发：

第一队选择天气好时加快赶路，最好的时候一天能走 40~50 英里，雨天或者刮大风的天再调整休息；

第二队冲劲十足，无论天气好坏，每天行走 50~60 英里，想成为最早抵达终点的队伍；

第三队不紧不慢，大家一致决定：不管晴天还是雨天，每天只走 20 英里，其余的时间，大家休息整顿。

猜猜看，哪一支队伍最先抵达终点？

结果令大家大跌眼镜，不紧不慢的第三队竟然是最先抵达终点的队伍。他们用了大约 5 个月的时间达到终点，而其他两支队伍，几乎花了七八个月，为什么会这样呢？

第一支队伍虽然在天晴时能走 40~50 英里，但恶劣的天气太难预料，走走停停，严重地影响了士气，以至于花费的时间越来越多。

第二支队伍一开始热情高涨，一天可以走 50 英里，但时间一长，人们的精力和体力逐渐下降，越走越没有后劲。

第三支队伍不管天气阴晴、路况好坏，始终坚持每天行走 20 英里，这是一种良好的自律，这支队伍最终按照自己制定的 20 英里计划，用 5 个月走完了全程，成为第一支到达的队伍。

吉姆·柯林斯得出结论：做一件事时，明确规划，严格执行、保持自律，做到这三点，就一定会成功。这就是 "20 英里法则" 的来历。

特殊的长度测量法

在测量长度的过程中，有一些物体的数值很难用常规的方法测出来，如硬币的直径、曲线的长度、纸张的厚度等，怎么办呢？

累积法

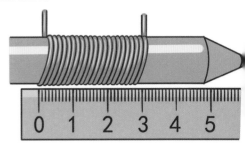

一张纸有多厚？我们可以通过累积法算出来。累积法就是把若干个相同的微小量累积起来，变成可以测量的数量，然后将测出的总量除以累积的个数，就可以得到微小量的数值。

累积法包含两类，一类是"测多算少"，另一类是"以少求多"。

你可以用尺子量出一本书的厚度，然后再除以它的页数，这样就是一张纸的厚度了。

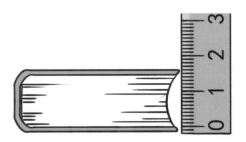

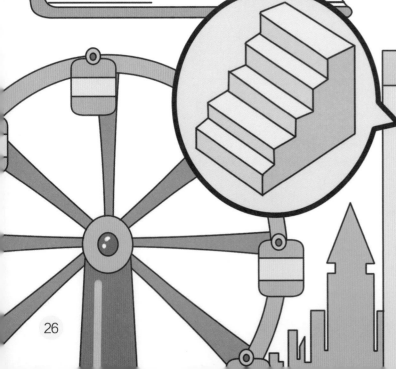

我们如何用一把尺子测量摩天大楼的高度呢？先测量出任意一个楼层中一层台阶的高度，然后数一数一层有多少个台阶，用一个台阶的高度乘以台阶的数量，就能算出一层楼的高度，再用总楼层数乘以一层楼的高度，结果就出来了。这种方法就叫作"以少求多"。

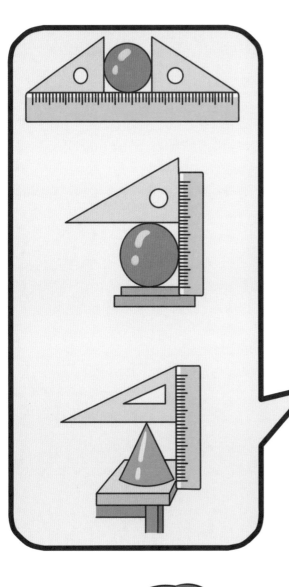

平移法

在三角板、直尺等简单辅助器材的帮助下，我们可以将一些不能够直接测量的长度"平移"到刻度尺上，从而测出它们的长度，这种方法就叫"平移法"。如硬币的直径、乒乓球的直径、圆锥的高度等都可以用简单的测量工具测出来。

滚轮法

如果你的手边有一个已知周长的滚轮，你就可以用它轻松测量出操场或者花坛的长度。只要从起点开始移动滚轮，并记住滚过的圈数，走到终点时用滚过的圈数乘以轮子的周长，就可以得到操场或者花坛的长度。

生活中有哪些实物需要计算周长?

场地的周长，如：跑道、水池、花园。

家具的周长，如：门、衣柜、书柜。

文具的周长，如：书本、文件袋、文具盒。

饰品的周长，如：手表、皮带、项链。

厨具的周长，如：碗、盘子、锅。

任何图形都可以用周长表示吗?

周长只能用于二维图形上，三维图形如圆柱体、圆锥体、球体，则不能用周长来表示大小，而是要用总表面面积来表示。

周长六连问

什么是周长?

在一个平面内,环绕图形一周的长度,叫作这个图形的周长,多边形的周长则是所有边长相加的和。

周长是怎样计算的?

周长用字母 C 表示,常见的图形有长方形、正方形、三角形和圆形,它们的计算方法如下:

长方形: $C=2 \times (a+b)$ (a 是长, b 是宽)

正方形: $C=4 \times a$ (a 为边长)

三角形: $C=a+b+c$ (a、 b、 c 为三角形的三条边)

圆形: $C=\pi d=2\pi r$ (d 是圆的直径, r 是圆的半径, π 指圆周率)

常见的二维图形有哪些?

三角形、正方形、长方形、平行四边形、梯形、圆形、半圆形、五边形、星形。这些形状都可以计算出周长。

面积相同的图形,谁的周长最短?

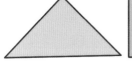 

在面积相同的三角形中,等边三角形的周长最短。

在面积相同的五边形中,正五边形的周长最短。

在面积相同的四边形中,正方形的周长最短。

在面积相同的圆形中,正圆形的周长最短。

每圈跑道的长度一样吗？

赛跑是常见的比赛项目，如果跑道是直的，运动员就会在同一条起跑线开始比赛。但像图 1 这样的田径运动场，要按圈跑的话，选手们的开始位置就需要各不一样。如果起跑线一样的话，最外侧的选手会比最内侧的选手多跑一段距离。

看看图 1，直线部分的内侧和外侧部分并没有区别，但两头的半圆形部分长度之和就是圆的周长（如图 2）。

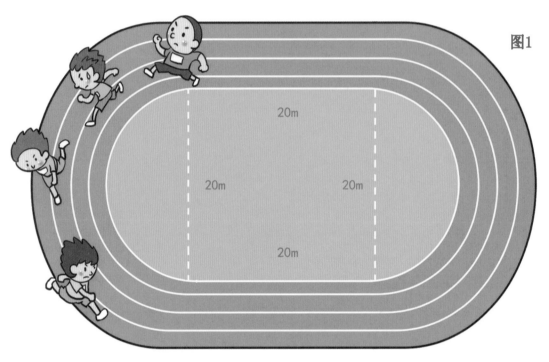

图1

20m

20m

20m

20m

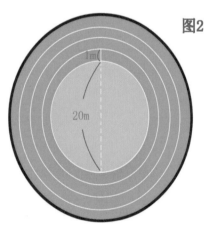

图2

1m

20m

再看看图 3，你会发现第一跑道比第二跑道短了 6.28 米。

图3

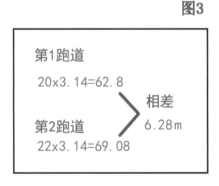

第1跑道

20x3.14=62.8

相差

6.28m

第2跑道

22x3.14=69.08

赛道起点为什么不一样

通过前面的图你应该发现了每圈赛道的区别在于赛道两头所组成的圆形周长不同。

先告诉你圆周长的计算公式：$C=2\pi r$（r 是圆的半径，π 指圆周率）。圆周率是 π 约等于 3.14。它是固定值，因此影响圆周长的就是半径 r。内圈的半径很明显比外圈短。这样一来，外圈运动员跑的距离（圆周长）就会比内圈的运动员长一些。为公平起见，内圈运动员的起跑点应该靠后一些。

起跑点相差多少米才公平？

要搞清这个问题，关键在于搞清楚每圈的半径是多少。普通跑道每条宽 1.25 米，这意味着相邻跑道的半径之差是 1.25 米。用圆周长的计算公式可知，外圈跑道比相邻的内圈跑道长 7.85 米（2 × 3.14 × 1.25），这就是起跑点相差的距离。

人们是如何测量马拉松赛道的?

马拉松长跑是世界上非常著名的长跑比赛项目之一，全程距离 42.195 千米，要在城市中精确地测量出 42.195 千米是一件非常不容易的事情。

这根钢尺是特殊的钢尺，它上面印有随温度变化的伸缩装置，这样能确保路线的精准。

马拉松测量的八大步骤

步骤一：
选择一条 300 米的校准路线。

步骤二：
用钢尺测量标准路线。

这条路线尽量选择在笔直、平整、交通通畅的路面上。

通过工作常数算出每个千米点的数值，然后在骑行中用油漆涂上标记，记录关键信息。

步骤三：
进行前校准。

步骤四：
进行测前标定。

步骤五：
进行后校准。

由于温度的变化会影响到琼斯计数器的数值，因此，在丈量完路线后要尽快进行后校准，方法同前校准一样，在校准路线上骑行4次，算出1001米的数值为完成常数。

步骤六：
计算路线的长度。

在300米的校准路线上，用装有琼斯计数器的校准自行车骑4次，测出在1001米长度上，自行车上琼斯计数器所转的次数，即工作常数。

首先计算出当日常数，当日常数是工作常数和完成常数的平均值，然后用从起点到终点琼斯计数器上积累的数值除以当日常数，就能算出路线的长度。

算出路线的长度后，根据每段路程的具体情况进行微调。

丈量员需要将路线图、测量概述、校准路线的细节以及前、后校准的数据等内容写进报告，以便其他丈量员丈量时确认数据是否准确。

步骤七：
最终调整路线。

步骤八：
写测量报告。

孤独的"夜行侠"

在交通压力、气温等因素的影响下，丈量员们几乎都是在夜晚开始工作的，因此，他们也被称为"夜行侠"。夜晚，在一辆开道的警车后，马拉松丈量员骑着校准自行车，载着琼斯计数器、钢卷尺、拉力器、温度计、计算器、油漆、胶带等工具，开始七八个小时的测量。这项工作大约要进行一星期。

面积六连问

什么是面积?

当物体占据的空间是二维空间时，所占空间的大小叫作该物体的面积，简单地说，物体表面或封闭图形的大小就是它们的面积。面积可以是平面的，也可以是曲面的。

面积是怎样计算的?

面积用字母 S 表示，常见的图形有长方形、正方形和圆形，它们的计算方法如下：

长方形：$S = a \times b$（a 是长，b 是宽）

正方形：$S = a \times a = a^2$（a 为边长）

圆形：$S = \pi r^2$（r 是圆的半径，π 指圆周率）

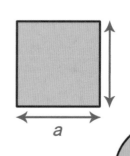

面积单位有哪些?

面积单位是表示物体表面大小的单位，常用的面积单位有平方米（m^2）、平方分米（dm^2）、平方厘米（cm^2）、平方毫米（mm^2）。

一般来说，电脑键盘的一个按键、组成魔方的小块的面积大约有 1 厘米²；小学生字典的面积大约有 1 分米²；地板砖的面积大约有 1 平方米。1 米² 的地面上可以站 12 名小学生。

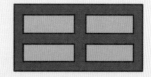

计算面积有什么作用?

生活中许多问题都需要用面积的计算法去解决，例如：买房子的时候，我们需要对比清楚建筑面积和使用面积，建筑面积决定你要花多少钱买房，而使用面积则决定你家的房子真正的大小。家里要铺地板时，你需要知道地面的面积和地板砖的面积，用前者除以后者，才能确定要买多少块砖……

测量土地的面积单位有哪些?

在测量土地时，常常会用到更大的面积单位，如：平方千米（km²）、公顷（hm²）等。

1 公顷 =10000 米²

1 平方千米 =100 公顷 =1000000 米²

圆的面积公式是怎样推算的?

数学家们已经将圆的面积公式推算出来了，但如果让你用学过的知识自己推导圆的面积，你能做到吗？

首先，将圆平均分成 4 份，把它拼接起来，看看是什么形状；然后再试试分成 8 份、16 份、你会发现，当圆被分出的份数达到 32 份后，所拼接出来的图形就接近于一个长方形了。那么圆的面积就可以通过长方形的面积推导出来。

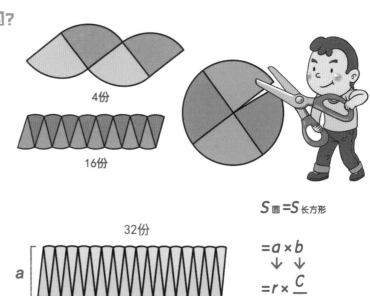

4份

16份

32份

$S_圆 = S_{长方形}$

$= a \times b$

$= r \times \dfrac{C}{2}$

$= r \times \pi r$

$= \pi r^2$

面积大小比一比

如果没有具体图形的尺寸或者面积公式，给你两个图形，你知道怎样对比它们的大小吗？

方法一：直接比较法

有的物品的面积肉眼就可以看出大小，如一元硬币的面积大于一角硬币的面积，它们之间不需要任何计算就可以看出大小。

方法二：重叠法

如果需要比较面积的图形是如右图所示的正方形和长方形，那么我们可以使用重叠法来比较。直接将两个图形叠放在一起，然后把长方形多余的部分剪下来放在正方形上面，你就会发现，正方形的面积还是要比长方形的大一点。

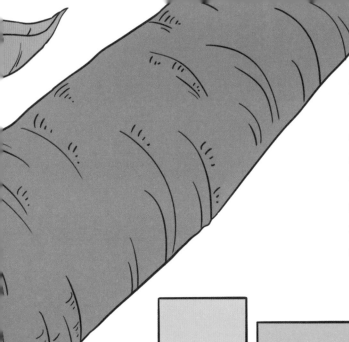

方法三：间接比较法

如果需要比较的图形不方便进行重叠的话，我们可以借助尺子进行间接比较。用尺子将正方形和长方形分割成相同大小的方格，正方形画出了 16 个方格，而长方形只能画出 15 个方格，所以，正方形的面积大于长方形的面积。

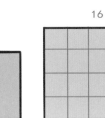

16

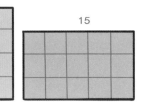

15

比一比，谁大？谁小？谁长？谁短？

中心两个圆哪个面积大？

答案：它们的面积是一样大的。周边的大圆和小圆是不同的参照物，会影响人们的判断力，使得中心圆的面积看起来一个大一个小，实际它们是一样大的。

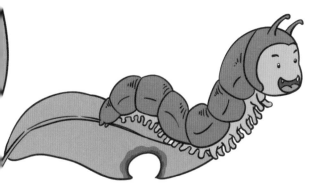

帽子的高度和帽檐的长度是否一样？

答案：一样长。用格子比较法试一试，你会发现它们的长度是一样的。

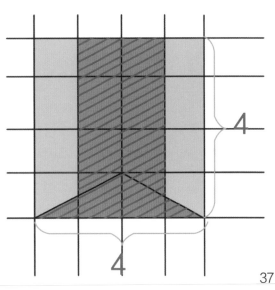

体积

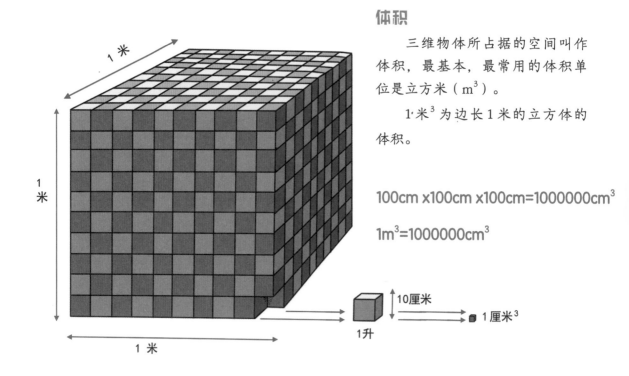

三维物体所占据的空间叫作体积，最基本，最常用的体积单位是立方米（m^3）。

1 米^3 为边长 1 米的立方体的体积。

$$100cm \times 100cm \times 100cm = 1000000cm^3$$

$$1m^3 = 1000000cm^3$$

英美国家更习惯用英制来测量河流或湖泊等水体的体积。常用单位是"英亩·英尺"，表示深 1 英尺、底面积 1 英亩的水体体积。

如果折算成公制，1 英亩·英尺 ≈ 1234 米^3。

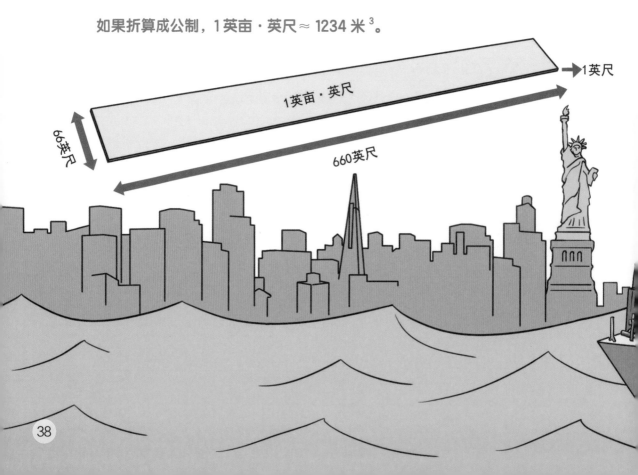

奥运会泳池的容积

标准的奥运会泳池能装 2500 米^3 水，大约足够一个家庭用上 10 年。

2米
25米
50米

集装箱的体积

集装箱是一个规整的长方体，这样便于码头和货轮进行堆放，尽可能地节约空间。常见的集装箱有 20 英尺（约 6.1 米）长、宽和高都是 3 英尺（约 2.4 米）。用长 × 宽 × 高，就可以算出集装箱的体积是多少了，算算看吧。

找出容量单位"升"

在家里找找带容量单位的物品吧

在生活中，你最常见的可能就是升（L）这个容积单位，或许你还看到过分升（dL）、毫升（mL）这些单位。不过分升（dL）、毫升（mL）在日常生活中应该比较少见。在自家厨房里，你应该能找到不少标着L的东西。

洗衣液一般是1L

大盒装牛奶约为1L

一大桶纯净水约为2L

1dL=100mL

不光是液体才用 L 作单位

除了液体之外，人们还喜欢把容积单位用在其他物品上。较为常见的有旅行箱包和书包，还有冰箱或者烤箱。汽车的后备厢也用L来表示它能装多少东西。简而言之，只要是用来装东西的容器，不管它是硬壳的还是软壳的，不管装什么东西，都可以用L作单位。

日常生活中很少见到dL，它常在测量种子和豆子的时候被使用。另外在医疗领域也会被使用。毕竟要是用L来计算注射器该装多少药水就太不方便了。

一个有趣的脑筋急转弯

长1米、宽1米、深1米的洞可以放多少土？

别算了，答案是0。因为土是洞穴的一部分，倒进去的土越多，洞穴就越小，最后洞穴会被土填满，那么也就不存在长1米、宽1米、深1米的洞了。怎么样，是不是有些胡搅蛮缠？

那么我们改成倒水呢？

答案是需要倒入1000L水，当然你也可以换成倒牛奶。如果用一升装的牛奶的话，就需要1000盒牛奶，看来会花上一大笔钱。再想想，如果是用长、宽、高都为1厘米的正方体来填满这个洞，需要多少正方体呢？答案是100万个。比你想象的要多吧？

1米

1米

1米

记一记

立方米

除了升之外，生活中另一常用的容积单位就是立方米了，游泳池、自来水厂等需要用到这样的单位。比如一个长25米、宽15米、深1.8米的泳池，需要675米³的水才能装满。但如果用升来表示，那数字可就大得有些不方便了。

海盗的难题

　　中世纪时，索马里地区游荡着一群海盗，他们到处抢劫。这天，他们要求过往的商船上交一片金箔，这片金箔要做成长方形，长和宽都是3的整数倍，并且金箔的周长要等于它的面积。如果上交的金箔符合要求，商船就可以顺利通过海湾；如果不符合要求，商船就会被洗劫一空。

$$2 \times (9+3)=24 \text{米}$$
$$3 \times 9 = 27 \text{米}^2$$

　　水果商人最先做出了一片长9米、宽3米的金箔，把它献给了海盗们。可是水果商人还是被洗劫一空，这是为什么呢？

　　虽然金箔的长和宽都是3的倍数，但是它的周长是 $2 \times (9+3)=24$ 米，而金箔的面积却是 $3 \times 9=27$ 米^2，不符合周长和面积相等的要求，海盗们自然不会放行了。

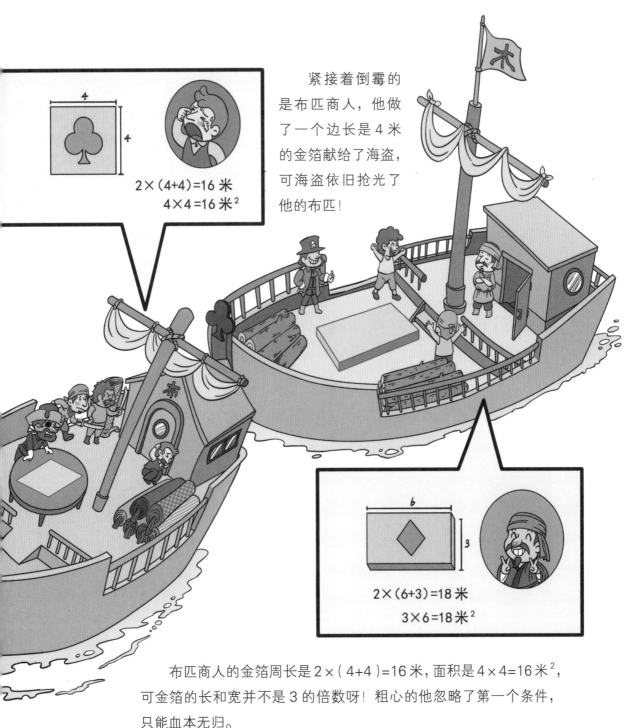

紧接着倒霉的是布匹商人，他做了一个边长是 4 米的金箔献给了海盗，可海盗依旧抢光了他的布匹！

$2 \times (4+4) = 16$ 米
$4 \times 4 = 16$ 米^2

$2 \times (6+3) = 18$ 米
$3 \times 6 = 18$ 米^2

布匹商人的金箔周长是 $2 \times (4+4) = 16$ 米，面积是 $4 \times 4 = 16$ 米^2，可金箔的长和宽并不是 3 的倍数呀！粗心的他忽略了第一个条件，只能血本无归。

海盗们得意地哈哈大笑："你们这群笨蛋，这么简单的问题都解决不了，还做什么商人，赶紧回家种红薯去吧！哈哈哈！"

这时，木材商人出现了，他的金箔做得非常厚，简直可以叫作金砖了。它长 6 米，宽 3 米，周长是 $2 \times (6+3) = 18$ 米，面积正好是 $3 \times 6 = 18$ 米^2，这让海盗头子很高兴，他大摇大摆地将金砖搬进了船舱，大方地放走了木材商人。

木材商人走后不久，只听见海盗船上轰隆一声巨响，整条船被炸得稀巴烂，原来，金砖里面藏着炸药！海盗的难题虽然让有的商人损失惨重，但也将他们自己送进了地狱。

狄多女王和牛皮

在很久很久以前，地中海南岸的突尼斯是古代迦太基人的居住地，迦太基国的建国者是狄多女王。据古罗马传说，迦太基国的建立多亏了一张牛皮。

狄多女王原本是泰雅王的女儿，她有一个富有的丈夫，可不幸的是，她的丈夫被人杀害了。狄多女王不得不逃往非洲求助。当地土著雅布王是她丈夫的好友，面对落难的狄多女王，雅布王并不想给她多大的帮助。他拿出一张牛皮，告诉狄多女王，牛皮围起来的地方就可以送给她。

聪明的狄多女王并没有泄气，她接过牛皮，带领侍从们将牛皮剪成了长长的细条，并用它围成了一个大大的半圆，半圆的另一端则是海岸线。雅布王无奈，只好将圈起来的一大块土地送给了狄多女王。狄多女王在这块土地上建立了拜萨城（意为"牛皮城"），此后人们把这个故事叫作"圆帮了狄多女王的忙"。

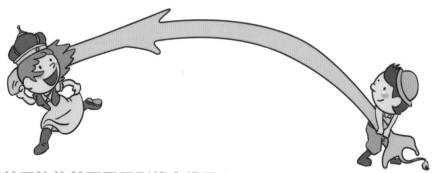

狄多女王为什么要围圆形的土地呢？

原来，用一定长度的绳子，围出一块面积，其中圆的面积是最大的。牛皮绳的长度加上海岸线，就可以围成一个直径很大的半圆，这样围成的土地面积也就是最大的。

绳子小实验

取一根长度为 20 厘米的绳子，你可以用它组成不同的形状。

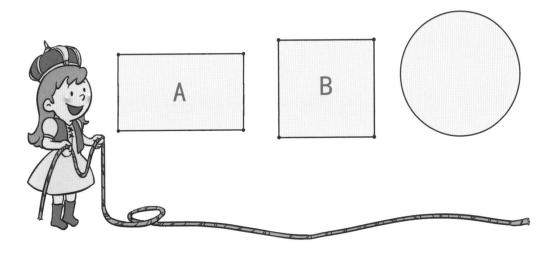

如图可见，当周长相等时：

圆的面积是 31.85 厘米²。

图 A 的面积是 24 厘米²。

图 B 的面积是 9 厘米²。

故事中的知识

一般来说，周长相等时，边的数量越多的凸图形面积越大。圆可以被看作正无穷边形，所以它的面积自然是最大的。

周长相等时,圆的面积>正方形的面积>长方形的面积>平行四边形的面积。

圆周率的故事（上）

在计算圆的周长、面积以及球体的体积时，我们都会使用到 π，π 是一个希腊字母，它表示圆的周长与直径的比值，是计算周长和面积必不可少的数字。在一般的计算中，π 的取值通常是 3.14。

π ≈ 3.141592653

π 的故事之一：
古老的数字

古时候，π 是无法准确测量出来的，数学家们通过估算法得到 π 的值，这些古老的数字与现代精准计算出的数字差别特别小。

在古巴比伦人的记载中，π ≈ 3.125。
在古埃及人的记载中，π ≈ 3.1605。
在古印度的记载中，π ≈ 3.139。
在古代中国的记载中，π ≈ 3.1416。

π 的故事之二：数学家们的心血

对于古代的数学家们而言，估算 π 的近似值，确实是一项呕心沥血的大工程。

阿基米德：古希腊著名数学家阿基米德通过圆的外切和内接的理论法计算出了圆周率的近似值 3.141851，这种方法在西方使用了将近 19 个世纪。

刘徽：我国古代魏晋时期数学家刘徽用割圆术证明了圆面积的精确公式，并给出了计算圆周率的科学方法，得到 π ≈ 3.1416，这个数值被称为"徽率"。

祖冲之：我国古代南北朝时期的数学家祖冲之进一步得出圆周率的精确数值：3.1415926 和 3.1415927 之间。在之后的 800 年里，祖冲之计算出的 π 值都是最准确的。

刘徽

π 的故事之三：国际圆周率日

国际圆周率日在每年的 3 月 14 日，来源则是中国古代数学家祖冲之的圆周率。通常人们会在下午 1 时 59 分庆祝，这象征着圆周率的 6 位近似值 3.14159，有时甚至精确到 26 秒，以象征圆周率的 8 位近似值 3.1415926。

π 的故事之四：无穷无尽的数字

π 是一个无限不循环小数，一般的计算使用 10 位小数 3.141592653 就足够了。圆周率现已计算到小数点后 31.4 万亿位，省略号都感觉"压力山大"！

祖冲之

圆周率的故事（下）

π 的故事之五：计算机和圆周率

计算机科学常常需要测试不同计算机的运算速度，这可以看作运算比赛。π 就是比赛的裁判员。只要让不同的计算机分别计算一下圆周率，看谁算得又快又准，就知道谁的性能更好了。

π 的故事之六：圆周率中的密码

密码在生活中很重要，越是没有规律的数字组合，就越不容易被破解。而圆周率是无限不循环的，没有规律可言，从里面随机挑选数字作为密码既方便又安全。

π 的故事之七：锻炼记忆力的法宝

因为圆周率没有尽头，所以你能背诵的圆周率越长，就说明你的记忆力越好。因此许多人用背圆周率的方法来锻炼记忆。

π 的故事之八：圆周率日的庆祝活动

在美国旧金山科学博物馆，那里的员工会用吃掉派（馅饼）的方式庆祝圆周率日，因为派和 π 谐音。

π 的故事之九——用谐音背圆周率

死记硬背一长串数字是很痛苦的，因此许多人更喜欢用谐音来背圆周率。你用过这样的谐音来背吗？"山巅一寺一壶酒而乐，苦煞吾，把酒吃，酒杀尔杀不死，乐而乐"（3.1415926 535 897 932384 626）。

算算看，哪个大？

这里有 ABC 三组比萨，哪一组比萨的总面积最大呢？如果只能挑一组，你有办法挑到最大的吗？

有的人会觉得 A 虽然单张面积最大，但 C 的数量多，看上去总面积应该比 A 大吧。是这样吗？我们还是来算一算吧。

圆的面积是半径 × 半径 × 圆周率。为了简化计算，圆周率取 3.14。计算结果如下：

A：30X30X3.14=2826

B：15X15X3.14X（2X2）
　　=30X30X3.14=2826

C：10X10X3.14X（3X3）
　　=30X30X3.14=2826

竟然一样大，你猜对了吗？

想一想

要不要再挑一次，D 和 E 谁大呢？

学会巧算

有了公式也不要一味硬算，再观察一下上面的算式，你发现什么规律了吗？其实，完全用不着直接计算，将算式变形一下你就会发现，算出来的结果会是一样的。

什么是海拔高度？

"米""千米"等长度单位不仅可以测量长宽，还可以测量高度。一般来说，人们以海拔高度来表示陆地或者高山的高度。

什么是海拔高度？

海拔高度就是陆地或者山岳高出海面的高度，意思是测量山的垂直高度是从海平面算起的，因此海拔高度又叫作绝对高度。比如说世界最高峰珠穆朗玛峰海拔8848米，说的就是海拔高度。

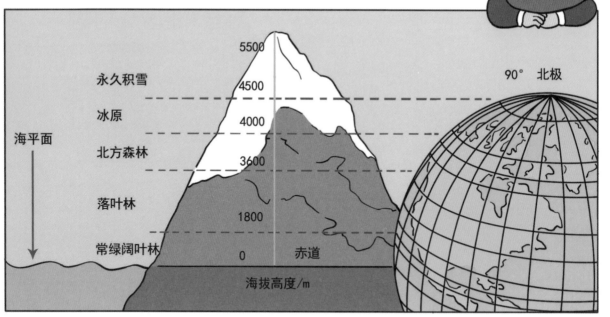

海平面	5500
永久积雪	4500
冰原	4000
北方森林	3600
落叶林	1800
常绿阔叶林	0　　赤道

90°　北极

海拔高度/m

黄海海面

海拔也有起点

海拔的起点叫作海拔零点，它是测算海拔高度的基准点，一般是指某一滨海地点的平均海平面高度。人们根据当地测潮站的多年记录数据，把海平面的位置加以平均就可以得出海拔零点。由于地球是椭圆的，海水流动的幅度在时刻变化着，所以大多数国家都有自己的海拔零点。

中国计算海拔高度时都是以青岛的黄海海面作为零点算起的。

珠穆朗玛峰

人们为什么要用海拔高度来测量山高?

因为每座山的位置是不一样的,山脚下的高度也不同,因此人们选择海平面作为统一的海拔零度,山顶高度和海平面的高度差,就是山的海拔高度。

荷兰

特殊的海拔高度

地球表面海拔最高的地点:珠穆朗玛峰(8848.86米)

地球表面海拔最低的地点:死海(-422米)

地球海拔最低的地点:马里亚纳海沟(-11034米)

海拔最低的国家:荷兰(平均海拔-11米)

世界上平均海拔最高的国家:不丹(平均海拔3000米以上)

地心测量法

如果将地心作为标准来测量的话,钦博拉索山排第一,它距离地球中心6384千米,而珠穆朗玛峰到地心的距离是6382千米,竟然比它矮了2千米!

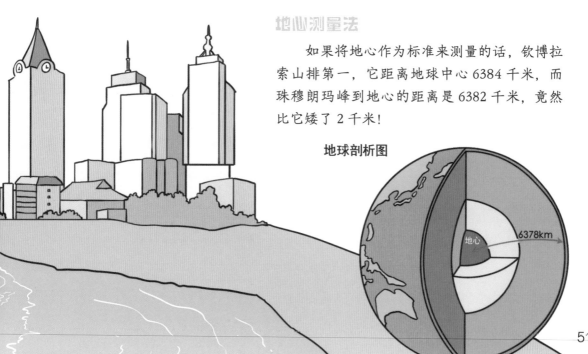

地球剖析图

地心

6378km

确定时间

时间是怎么来的

古希腊人把一天分成了 24 个小时，其中白天和夜晚各占 12 个小时。这是公元前 2 世纪古希腊天文学家喜帕恰斯所提出的，一直沿用到今天。不过，因为日照时间在一年中会不断变化，所以 1 小时的长短其实也会变化。

地球绕太阳公转一圈所花的时间就是一年，而地球自转一圈所花的时间则是一天。月球绕地球转动一圈的时间是一个月。

古代人们用日晷来计算时间。在白天，地面物体的影子随太阳方位变化而变换方向和长短。根据这一点，可以通过晷针在日晷盘上的影子位置来判断当前的时间。

138 亿年前，宇宙大爆炸，宇宙诞生了。

134 亿年前，开始形成了星系。

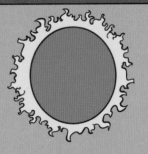

50 亿年前，太阳出现了。

45 亿年前，有了地球。

如何纪年

大多数时候人们都是用十进制来计算年份的。在英语里，10 年就是 a decade，100 年是 a century，1000 年则是 a millennium，而不是 a thousand。

但在研究宇宙进程时，这些时间就显得太短了。天文学家们会用 mya 和 bya 来表示很长的时间。mya 的意思是数百万年前（millions of years ago）bya 的意思是数十亿年前（billions of years ago）。

一小时

跟常用的十进制不同，小时和分是六十进制。1 小时=60 分钟，1 分钟 =60 秒，这来自喜欢采用六十进制计数的古巴比伦人。

闰年

你已经知道了一年就是地球绕太阳一圈的时间。一年有 365 天，但实际上，地球绕太阳一圈要花 365.25 天，天长日久后这个误差会累积得越来越大。因此人们规定每 4 年要额外增加一天来消除误差，多一天的年份就是闰年。

怎样找到闰年呢？记住，闰年的数字可以被 4 整除，也可以被 400 整除，但不能被 100整除。

2004年2月

Sun	Mon	Tue	Wed	Thur	Fir	Sat
1	2	3	4	5	6	7
8	9	10	11	12	13	14
15	16	17	18	19	20	21
22	23	24	25	26	27	28
29						

2005年2月

Sun	Mon	Tue	Wed	Thur	Fir	Sat
		1	2	3	4	5
6	7	8	9	10	11	12
13	14	15	16	17	18	19
20	21	22	23	24	25	26
27	28					

37 亿年前，第一个生命出现在地球上。

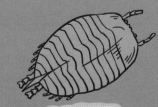

5.4 亿年前，最早的动物诞生在地球上。

2.5 亿年前，出现了恐龙。

6500 万年前，恐龙消失了。

2 亿年前，人类的时代到来。

53

你真的了解"秒"吗？

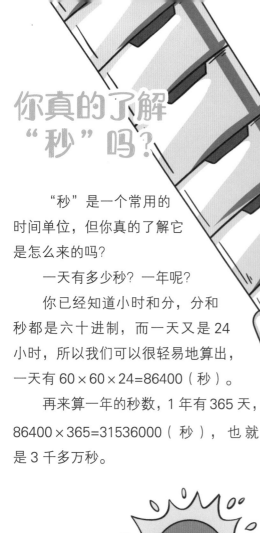

过去把地球自转周期的 1/86400 定义为 1 秒，后来为了不受到地球自转速度变慢的影响，人们开始用公转周期来定义秒。

"秒"是一个常用的时间单位，但你真的了解它是怎么来的吗？

一天有多少秒？一年呢？

你已经知道小时和分，分和秒都是六十进制，而一天又是 24 小时，所以我们可以很轻易地算出，一天有 60×60×24=86400（秒）。

再来算一年的秒数，1 年有 365 天，86400×365=31536000（秒），也就是 3 千多万秒。

用地球做标准的衡量单位

因为秒的长度取决于地球的公转天数，而地球的实际公转天数比 365 天要稍微长一点，所以实际上 1 秒被定义为地球公转天数的"1/31556925.97"现在人们用铯原子时钟来确定精确的 1 秒有多长。

厘秒

厘秒就是百分之一秒（0.01秒），它的单位符号是cs。

毫秒

1秒的千分之一（0.001秒）是毫秒，单位符号是ms。蚊子扇动一次翅膀需要20毫秒，而蜜蜂只需要5毫秒。

微秒

1秒的百万分之一叫微秒。单位符号是μs。当炸药包的引信烧光后，它并不会马上爆炸，不过应该没有人能利用这段时间逃开，因为这段时间只有24微秒。

纳秒

1秒的十亿分之一叫纳秒，单位符号是ns。在真空中，光在1纳秒中只能传播30厘米远。

皮秒

1秒的一万亿分之一叫皮秒，单位符号是ps，常常被用来计算晶体管的运行速度。

飞秒

一秒的一千万亿分之一叫飞秒，单位是fs。

特殊的单位——节

当军事栏目或书籍介绍到轮船或者航母时，通常会用 18 节、20 节、25 节来形容它们的速度，节是什么意思呢？它和千米/时，米/时有什么区别呢？

节是什么意思？

节是专用于航海的速率单位，也叫作航速节，它的英文是 knot，符号为 kn，现在航空方面也会使用到节，表示船只或飞机每小时所航行的海里数。

1 节的速度为：
每小时 1 海里（n mile/h）
每秒 0.5144444 米（m/s）
每小时 1.852 千米（km/h）

节的历史

16 世纪，航海技术发展迅速，出海的船只数量越来越多。可当时船上既没有航程记录仪，也没有测速装置，怎样才能测出哪条船的行驶速度更快呢？一位聪明的水手想出了一个好办法：将每艘船上的绳索相隔等长的距离打上一个结，再将绳索绑在浮标上扔到水里，两个结之间的距离被称为"节"。当船向前航行时，从第一个绳结被抛出船体的时间开始计时。在同样的时间内，被抛出的绳结数量越多，船速当然也就越快。就这样，"节"成了人们测量船速的计量单位并一直沿用至今。

为什么船是速度较慢的交通工具？

普通客轮航速 14~16 节，也就是每小时 26 千米左右。

客机每小时大约能够飞行 900 千米。

客运汽车每小时行驶 80~90 千米。

高铁每小时能够行驶 320 千米。

在轮船、飞机、汽车和高铁等交通工具中，轮船可以说是速度最慢的交通工具了，这是因为船是在水中前进的，水的密度要比空气大800多倍，这意味着船比其他交通工具要多对抗800多倍的阻力。

潜艇的航速是多少？

一般来说，潜艇的航速在10~25节左右，最快也就40多节。因为潜艇需要整体下潜到海里航行，水的阻力、摩擦阻力、漩涡阻力等会让它的速度受到很大限制，所以潜艇的速度不会特别快。

航空母舰的速度很快吗？

航空母舰是不是速度越快越好？当然不是啦！

现代航母的速度基本都在30节左右，也就是55.56千米/时，虽然连客运汽车都比不过，但这已经是最适合的速度了。技术人员试验过，同样距离下，30节航速的航母是最省燃料的。而且海洋中环境复杂，如果速度过快，水流对舰体的冲击就会特别大，比较容易出事故。比如，辽宁舰的航速是29节，美国航母福特号是30节左右，052D型驱逐舰的航速通常有36节。意大利有一艘70节的巡逻艇，速度虽快，但在实战中却作用不大。

速率与速度

速率是物体运动的快慢，是时间与路程的比值；速度是时间与位移的比值。速度有方向而速率没有方向。

在地心引力的作用下，物体会越来越快地向地球中心运动，这就是加速度，它是一个恒定的值（9.8m/s^2）

定向卫星无重力移动

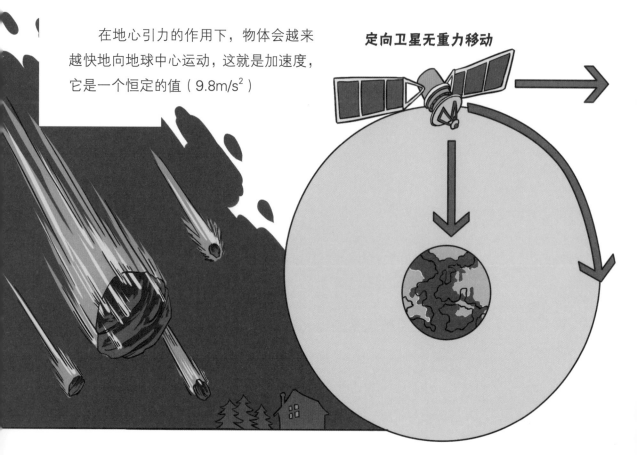

加速度

加速度就是外力作用于物体，使得物体原本的速度发生了变化。我们用米/秒^{2}来表示，符号是 m/s^2。

卫星的轨道

一方面卫星以匀速在轨道上运行，另一方面它也受到地球引力的影响，引力给了它一个向下的加速度，这样卫星才能始终保持在轨道上运行，否则的话，它将会脱离轨道，飞进宇宙中。

速度对比

乌龟 约60米/时　　人类 约10千米/时　　马 约30千米/时

光速

光在不同的介质中传播速度不同，在真空中最快，每秒能达到299792458米。爱因斯坦认为在宇宙中没有什么能比光的速度更快了。

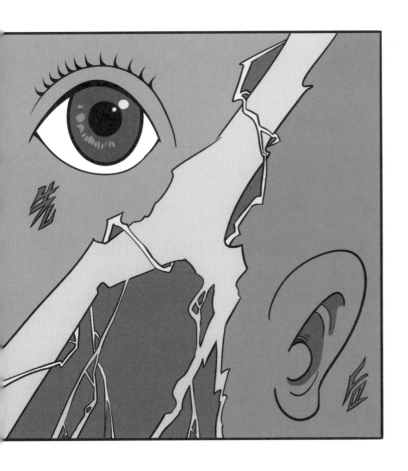

雷声和闪电

打雷和闪电是同时发生的，我们之所以先看到闪电，后听到雷声，那是因为光比声音的传播速度快得多。声音在15摄氏度的空气中传播速度是340米/秒。因此，我们可以通过看到闪电和听到雷声之间的间隔来计算闪电发生在多远的地方。只需要用间隔的秒速乘以340米即可。

猎豹 约70千米/时

旗鱼 约110千米/时

战斗机 约3500千米/时

质量和重量

在生活中，我们经常会说某个东西有多重，实际上，我们谈的不是它的重量，而是质量。质量指的是某种物体所含物质的多少。

如果恐龙没有灭绝，它们也比不过蓝鲸，恐龙的体重估计值一般在 1 到 10 吨之间，体形最大的阿根廷龙体重大约是 100 吨，只有蓝鲸的一半。

那么，重量指的是什么呢？它指的是地心引力作用下物体的受力大小，这个力可以在秤上测量出来。

因为地球是圆的，在地表上的任何地方，地心引力都差不多，所以在生活中我们用物体的重量来表示它的质量。

常见的质量单位是千克(kg)和克(g)。1 千克 =1000 克，1 厘米^3 水的质量就是 1 克。而 1 立方米水的质量是 1000 千克，也就是 1 吨。

最重的和最轻的哺乳动物

最重的哺乳动物是蓝鲸，成年蓝鲸可以达到 150 吨以上。而一头成年大象才 7 到 8 吨重。不过，这不妨碍大象成为陆地上最重的动物。而世界上最轻的哺乳动物是伊特鲁里亚鼩鼱，它的平均体重不足 2 克。

运动员需要举多重？

举重是一项常见的比赛项目，运动员根据自己的体重挑战不同的重量。以96公斤级为例，目前男子可以举起接近400千克的重量。

杠铃由横杠、卡箍、杠铃片三部分组成。男子横杠重20千克，女子横杠重15千克，卡箍每个重2.5千克。杠铃片的颜色及型号如下：25千克（红色大型）、20千克（蓝色大型）、15千克（黄色大型）、10千克（绿色大型）、5千克（白色中型）、2.5千克（红色中型偏小）、2千克（蓝色小型）、1.5千克（黄色小型）、1千克（绿色小型）和0.5千克（白色小型）。添加杠铃片的规则是，先在内侧添加重的，再在外侧添加轻的。

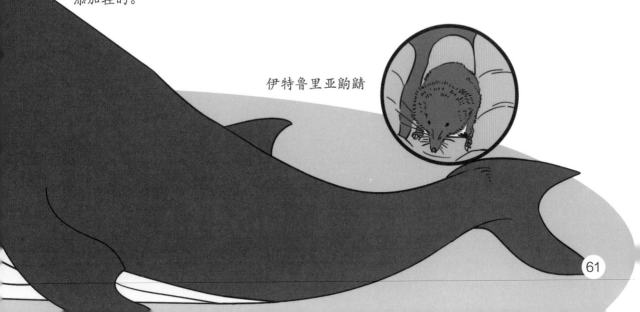

伊特鲁里亚鼩鼱

温度

温度是根据水的冰点和沸点来计算的。世界上最常使用的单位是摄氏度（℃），也有使用华氏度（℉）的。水的沸点为 100 摄氏度（212 华氏度）。而其冰点为 0 摄氏度（32 华氏度）。

换算

下面是摄氏度和华氏度之间的转换公式：

$$华氏度 = (摄氏度 \times \frac{9}{5}) + 32$$

$$摄氏度 = (华氏度 - 32) \times \frac{5}{9}$$

绝对零度

组成物体的原子一刻不停地在运动，运动使得物体产生了温度。原子运动得越慢，物体温度越低。

如果原子静止下来，其温度为零下 273.15℃，也叫绝对零度。

绝对零度又叫 0 开（0K）目前还没有办法让物体温度降到 0 开，但科学家们可以使温度低于十亿分之一开。

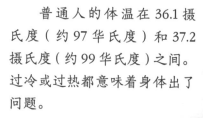

普通人的体温在 36.1 摄氏度（约 97 华氏度）和 37.2 摄氏度（约 99 华氏度）之间。过冷或过热都意味着身体出了问题。

月球温度

　　月球白天的温度能达到 120 摄氏度，夜晚则会降到零下 180 摄氏度。这是因为月球不像地球那样有大气层的保护，不利于保持一个较为稳定的温度。

宇宙中的温度非常低，大约是零下 270.45 摄氏度，也就是 2.7 开，人类需要航天服的保护才能在宇宙中活动。

太阳表面约 5500 摄氏度，而中心超过了 1500 万摄氏度。

什么运动需要"斤斤计较"？

在日常生活中，"斤斤计较"常常被用来形容小气、抠门的人。但在举重这项运动中，运动员们真的需要"斤斤计较"。

举重运动

举重是一项以举起的杠铃重量为胜负依据的体育运动，在相同的体重级别中，举起重量越大的运动员，成绩越好。比赛按照抓举、挺举的顺序进行，每场比赛中，运动员共有6次试举的机会，抓举3次，挺举3次。试举重量由运动员自己选定，每次增加的重量必须是1千克的倍数，比赛中，最轻的杠铃片仅有0.5千克，也就是1斤，多一斤少一斤决定着比赛的胜负，自然要"斤斤计较"啦！

举重的起源

古代，大力士是非常受人们追捧的，他们大多身体强壮，力气巨大，非常厉害。那么，这些大力士是如何锻炼力量的呢？

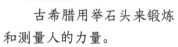

古希腊用举石头来锻炼和测量人的力量。

古罗马人在木棍的两头扎上石块，来锻炼体力。

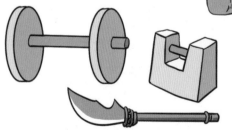

中国古代，举大刀、石锁、石担都能锻炼体力。晋代以后，举重还被列为武考项目。

举重的发展

近代举重运动兴起于 18 世纪末，之后在欧洲盛行。19 世纪 80 年代初期，英国和美国开始将举重列为正式比赛项目，直到现在，各大运动赛事中都会有举重项目。

18 世纪 欧洲开始流行举重运动，英国伦敦的马戏班就常常有举重表演。

19 世纪初 英国成立举重俱乐部。

1891 年 伦敦皮卡迪里广场举行了首届世界举重锦标赛。

1896 年 雅典举行的第一届奥运会上，举重被列为正式比赛项目。

1920 年 举重成为奥运会的固定比赛项目。

1924 年 举重比赛方式改变，分为单手抓、挺举和双手推、抓、挺举 5 种。

1928 年 取消单手举，保留双手举的 3 种方式。

2000 年 悉尼奥运会上，女子举重首次成为奥运会比赛项目。

举重和体重之间有关系吗？

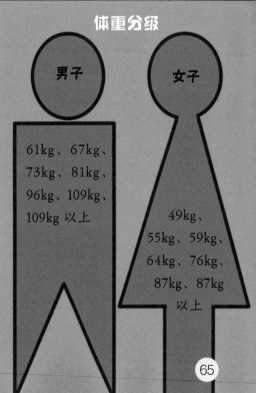

举重和体重之间的关系非常重要。比如说，一个体重 100 斤的人，虽然天天都在训练，浑身都是肌肉，但在一个 200 斤的壮汉面前，很快就会被撂翻，这种体重方面的优势是压倒性的。因此，举重比赛对体重的要求非常严格，比赛时，举重选手需要根据身体重量来进行等级划分，同等级（身体重量）的选手之间进行的比赛才是公平的。

体重分级

男子

61kg、67kg、73kg、81kg、96kg、109kg、109kg 以上

女子

49kg、55kg、59kg、64kg、76kg、87kg、87kg 以上

人们是如何测量温度的？

古时候，温度很难被测量，西方近代科学革命后，人类发明了温度计，之后便通过温度计来测量气温。

伽利略气体温度计

世界上最早的气体温度计是伽利略发明的，这是一种利用空气热胀冷缩原理制成的温度计。这枚气体温度计很简单，就是一根细长的玻璃管，一端开口，另一端是一个鸡蛋大小的玻璃泡。使用时，先用手把玻璃泡捂热，然后让玻璃泡在上，把玻璃管竖直插入到水中，这便形成了一个简单的气体温度计。当外界空气温度上升或下降时，玻璃管中水柱就会下降或上升。如果在玻璃管上标识上刻度，便可以指示温度。

颠倒的温度计

由于伽利略发明的温度计会受到气泡内空气温度以及外界气压的影响，误差比较大，因此，法国物理学家詹·雷伊将温度计颠倒了过来，让玻璃泡在下方，并且往玻璃泡里面注入水，把水当作测温物质来体现温度。但这种温度计玻璃管上方是开放式的，因此会受到水蒸发的影响。

酒精温度计

1654 年，托斯卡纳的大公斐迪南二世组织的一批学者经过多次试验，发现酒精的热膨胀效果比较明显，于是便将温度计中的测温物质换成了酒精，同时把玻璃管的上端熔化封闭，这样就制成了第一支不受外界气压影响的温度计。

水银温度计

1714 年气象仪器制造者华伦海特发明了水银温度计。相对于酒精温度计而言，水银的沸点为 357℃，酒精的沸点是 78℃，因此水银温度计更加适合测量较高的温度。但在低温测量中，人们多数还是用酒精温度计，因为酒精的凝固点是零下 117℃，而水银凝固点为零下 39℃。

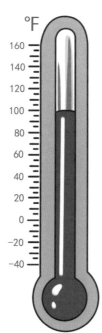

华氏温标

温标是温度数值化的标尺。华氏温标就是由华伦海特确立的，它的单位符号记作：℉。在华氏温标中，水在标准大气压下的沸点为 212℉，人的体温是 96℉。华氏度更加贴合人体感知气温的敏感程度。现在世界上有 3 个国家在使用华氏度播报天气：美国、缅甸和利比里亚。

摄氏温标

目前，全世界应用最广泛的温标系统是瑞典人摄尔修斯确立的，摄氏温标用符号"C"表示，单位符号是℃。摄氏温标的规定是：在标准大气压下，冰水混合物的温度为 0℃，水的沸点为 100℃，中间划分为 100 等份，每等份为 1℃。为了纪念摄尔修斯，瑞典还专门发行了摄尔修斯的邮票。

宇宙中的低温

在整个宇宙中，温度是无处不在的，同时，它也是变化多端的，不同的空间位置存在着不同的温度差，有的星球极冷，有的星球极热，你永远想象不到温度究竟会到什么程度。

-240℃冥王星

冥王星距离太阳特别远，它是一个十分阴冷黑暗的世界。冥王星表面最高温度是 -210℃，最低温度是 -240℃。

-220℃天王星

天王星是距离太阳较远的一颗行星，它的表面覆盖着浓雾。大气层云端上温度约在 -220℃，是一颗冰冷的蓝色星球。

-170℃ 生命存活的低温极限

一些微生物能够在这样的低温下生存，如大肠杆菌、伤寒杆菌和化脓性葡萄球菌。

-110℃ 酒精温度计

酒精在 -117℃才会凝结。因而在地球上温度最低的南极洲，酒精温度计也能用。

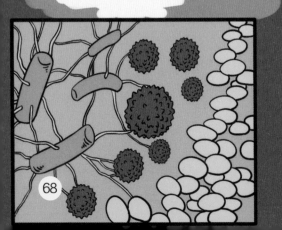

-60℃ 火星的温度

在远离地球的火星上，平均温度约是-60℃。

-70℃ 北极最低气温

北极地区最低气温在-70℃，当地的因纽特人靠吃海豹肉和海豹油储存热量，抵御寒冷。

-90℃ 地球最低温

地球的最低温度在大气层，只有-90℃，那里非常寒冷。

从 0℃到 100℃

地球表面大部分地区的温度在 0℃～ 100℃，这样的温度适合生命的产生和繁衍，因此，地球才会有别于其他星球，呈现出一片生机勃勃的景象。

10℃ 凉爽宜人的赤道城

由于海拔很高，虽然南美洲的厄瓜多尔的首都基多城在赤道线上，但它却是一个四季如春、凉爽宜人的赤道城。

18℃ 最健康的温度

对人体而言，最舒服的温度是 18℃左右。当温度在 15℃~18℃时，人们的思维敏捷、记忆力强、工作效率最高。

20℃ 双孢蘑菇菌丝生长温度

双孢蘑菇菌丝可在 5℃～ 33℃生长；最适宜生长的温度是 20℃～ 24℃；但要是温度到 34℃～ 35℃时，它就会死掉。

30℃ 蚊子最爱的温度

蚊子最喜欢的温度是 30℃左右，当温度降到 10℃以下时，它们就会进入冬眠，直到第二年春天后又出来。

70℃~80℃ 火红的火焰山

火焰山位于吐鲁番盆地，这里夏季最高气温高达 47.8℃，地表最高温高达 89℃，沙窝里可烤熟鸡蛋。

50℃~60℃ 沙漠白日的温度

沙漠地区云量少，日照强，因此白天气温上升极快，中午最热的时候，温度能上升到 50℃以上，在北非曾有高达 58℃ 的记录。

40℃ 人体温度极限

人属于恒温动物，一般体温不会超出 35℃~42℃ 的范围。41℃时人体的肝、肾、脑将发生功能障碍。连续几天 42℃ 的高烧，足以使成年人死亡。

100℃ 水的沸点

水的沸点在 100℃，当水烧开后，它的温度是 100℃ 而且只能保持 100℃。但是在高海拔的地区，水的沸点就会降低。如在海拔 8000 多米的珠穆朗玛峰上煮鸡蛋时，开水的沸点最高只有 73.5℃。

90℃ 海底火山口的生物

海底火山口的温度常年保持在 90℃，但这里生存了很多动物，如多毛虫、虾、蟹等其他生物。

宇宙中的高温

宇宙中既然有低至 −273.15℃绝对零度，有最适合人体健康的 18℃，那么一定也会有无法想象的最高温度，那么，温度最高能达到多少呢？

800℃ 火山熔岩

火山爆发时会喷出大量红色的火山熔岩，这些熔岩的温度通常在 200℃~800℃左右。

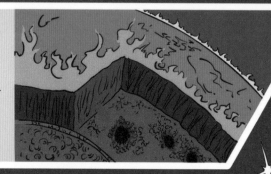

4000℃ 太阳黑子

太阳黑子中心的温度在 4000℃以上。

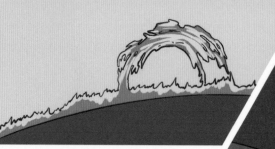

5000℃ 日珥

在日食的时候我们能看到太阳周围镶着红色的环圈，这就是日珥，它的温度在 5000℃~8000℃之间。

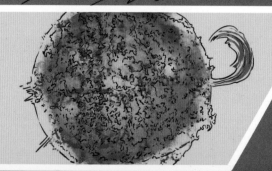

6000℃ 太阳表面

太阳的表面温度达到 6000℃。

7000℃ 牛郎星

闪闪发光的牛郎星表面温度比太阳表面还要高1000℃，也就是7000℃。

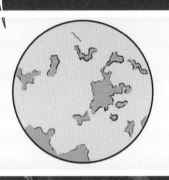

9000℃ 织女星

织女星的表面温度为8900℃，是太阳附近最明亮的恒星之一。

100000℃ 环状星云

环状星云的中心星是一个接近演化终点的白矮星，温度有100000℃，它的密度也非常高。

1000000℃ 日冕

太阳日冕的温度高达1000000℃。

你的计算机有多快

bit 是计算机用来储存信息的计量单位，其内容可以是 "0" 或 "1"。8 个 bit 组成一个字节，比如 "11010110"。在字符集中，通常 1 个字母或数字占 1 个字节，1 个汉字占 2 个字节。因为每个字节有 8 个 bit，每个 bit 有 0 和 1 两种选择，所以 1 个字节可以储存 $2×2×2×2×2×2×2×2$ 也就是 256 种信息。

以下为计算机存储容量单位：

艾字节（EB）
1024 拍字节

拍字节（PB）
1024 太字节

太字节（TB）
1024 吉字节

吉字节（GB）
1024 兆字节

兆字节（MB）
1024 千字节

千字节（KB）
1024 字节

计算机的性能受到存储容量的限制，现在的计算机存储容量越来越大。

IBM 创始人
托马斯·沃森

1956 年
IBM 公司发布的世界上第一台计算机硬盘驱动器有 1 吨重，但只能储存 5MB 信息。

1974 年
最早的服务器 RAM 内存长得像汽车轮胎，容量为 200MB。

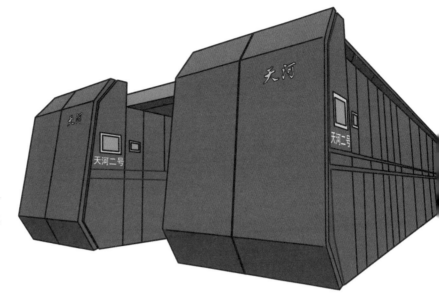

无法替代的工作

以中国的神威·太湖之光超级计算机为例，它每秒能计算约12.5亿亿次。要是让人来完成，假设每人每秒计算一次，需要全世界的人一刻不停地计算4年多。

计算机的速度

储存能力越强，计算机的运算速度越快，目前的家用计算机运行速度超过了 2000 兆赫兹，也就是每秒运算超过 20 亿次。

一个指定的时长

计算机内有专门的电路用于计时操作。

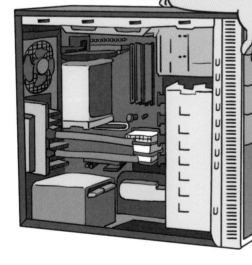

苹果公司创始人斯蒂芬·乔布斯

1996 年
固态硬盘的内存只有 40MB，到 2013 年进化到 960GB。

2021 年
智能手机的运行内存达到 12GB，储存内存达到 512GB。

在实际生活场景中，你都发现了哪些图形？你会测量它们的长度以及计算出它们的面积吗？

把你的测量及计算结果记录到下边的横线上吧。

_____

_____

_____

_____

_____

_____

_____

_____

_____

_____

_____

_____

_____